天眼科普

肖维玲 / 丛书主编
肖维玲 / 著
曹淑海 / 绘

中国超级工程(第一辑)

中国核电

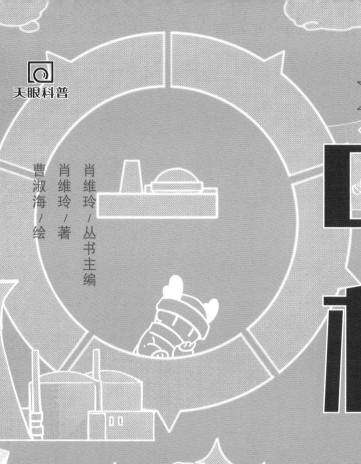

贵州出版集团
贵州科技出版社

图书在版编目（CIP）数据

中国核电 / 肖维玲著；曹淑海绘. -- 贵阳：贵州
科技出版社，2022.12
（中国超级工程 / 肖维玲主编. 第一辑）
ISBN 978-7-5532-1118-3

Ⅰ. ①中… Ⅱ. ①肖… ②曹… Ⅲ. ①核电工业—中
国—普及读物 Ⅳ. ①TL-49

中国版本图书馆CIP数据核字(2022)第158108号

中国核电
ZHONGGUO HEDIAN

出版发行	贵州出版集团 贵州科技出版社
地　　址	贵阳市观山湖区会展东路 SOHO 区 A 座（邮政编码：550081）
网　　址	http://www.gzstph.com
出 版 人	王立红
经　　销	全国各地新华书店
印　　刷	深圳市新联美术印刷有限公司
版　　次	2022 年 12 月第 1 版
印　　次	2022 年 12 月第 1 次
字　　数	100 千字
印　　张	4
开　　本	889mm × 1194mm　1/16
定　　价	49.00 元

天猫旗舰店: http://gzkjcbs.tmall.com
京东专营店: http://mall.jd.com/index — 10293347.html

核能寄语

亲爱的读者朋友,你们好!

2020年11月27日,"华龙一号"全球首堆——中核集团福清核电5号机组首次并网成功。值此之际,我拿到了《中国核电》的样稿,这不禁让我产生了极大的好奇心,想一探究竟——到底这样一本以"核电"为主题的青少年绘本,是如何从科普的角度把既有高科技背景,又充满"神秘"色彩的核能与核电的事情讲清楚的。也想知道以绘画的方式呈现的中国核电和核电人会是什么样子。看过之后,我的确非常喜欢。不仅认同这种科普形式,同时,我也希望和积极参与到向青少年宣传科普核电知识的工作中。

发展核电产业,关系到我们的日常生活,也关系到国家未来能源发展战略。核电站的建设能力,实际上是一个国家科技水平和基础工业水平等综合实力的体现。

能源是人类发展的动力,可以说,人类的发展史也是一部能源的发展史。在众多能源中,核电具有很多好处——资源消耗少、对环境影响小、供应能力强,是高效、清洁、安全和经济的新型能源。例如,用核能发电可以节约大量煤炭、石油等传统的化石能源,减少空气污染,给整个地球"减压",让世界变得更加洁净。发展核电产业,可以让我们的社会经济发展更快,让人们的生活变得更加美好。所以,发展核电是解决未来能源问题的一个重要选项。

一说到核,大家最先想到的,可能会是爆炸时腾起"蘑菇云"的原子弹,或者是关于核辐射所造成的各种危害。那么,到底什么是核呢?核能又是如何产生的?核辐射对人体有害吗?利用核能发电安全吗?有什么办法可以让这种高效清洁的新型能源更好地为人类的美好生活服务呢?我想,还是请读者自己从这本书中寻找这些问题的答案吧!

不过,带着这些问题看这本科普绘本的时候,我也想请青少年朋友们自己感受一下,像"华龙一号"这样的超级工程,之所以能够被称为"国之重器"是多么来之不易!我也非常想知道,你们是不是也和我一样,为我国的核电建设事业的非凡成就感到骄傲和自豪呢?

中国工程院院士 罗琦

亲爱的小读者，你们好！

　　我喜欢画画，也常常用画笔记录工程的进展，画出自己的感受。这本书，以我爱好的绘画形式讲述我热爱的核电事业，让我感觉非常亲切。

　　核电，不仅关乎我们的日常生活，也是国之重业。对此，我深有感触。书中也曾提及：核工业是一个沉甸甸的行业，从它诞生那时起，就和国家的命运紧密结合在一起。正是这个原因，像"华龙一号"这样的工程被称为超级工程、大国重器也就不足为奇了。

　　我们的前辈在物质基础薄弱、技术水平落后的情况下，成功研制出"两弹一星"，创造了奇迹，也开创了伟大的"两弹一星"精神。在和平利用核能的道路上，我们一代代核工业人坚持自主创新，攻克一道道技术难关，从最初靠技术引进、设备甚至建筑材料都要进口，到有了如今世界技术最先进、安全等级最高的"华龙一号"。

　　亲爱的小读者，你们一定也有很多梦想，这些梦想也很可能跟核工业无关，不过，这并不重要，重要的是，心中那支画笔一定不能丢，你们要用它不断勾勒未来的样子，同时把一件件事情努力地做好。只有这样，梦想中的画面才会越来越清晰、越来越生动，梦想才有可能变成现实。

"华龙一号"总设计师

罗 琦
中国工程院院士

邢 继
"华龙一号"总设计师

（画者：邢继）

能源的历史

人类最早利用能源，是从学会使用火开始的。早在远古时代，人们就学会了钻木取火，燃烧柴薪做饭、取暖。

此后漫长的能源发展史中，人们学会了用更多方式获取能源……

为了利用风力，人们发明了风车。

为了利用水力，人们制造了水车。

古人从燃烧的野火中发现了一种"会燃烧的黑石头"，它不仅比柴火燃烧得更持久，而且散发出来的热量更高，这种"黑石头"就是**煤炭**。

后来，人们学会了挖煤烧炭，这标志着人类获取能源的水平上了一个新台阶。

石油、天然气作为可燃液体和气体，也早早地被人们发现，并当作照明及生活用燃料。

自18世纪起，人类掀起了一场能源革命。煤炭、石油、天然气、水能、风能、太阳能等天然能源，焕发了新的生机。

人类发明的蒸汽机，是以煤炭为燃料，将蒸汽转化为机械动力的发动机。到了18世纪，出现了以蒸汽机为动力的火车。同时，在采矿、冶炼、纺织和机器制造等行业中，蒸汽机也得到了广泛应用，**煤炭**成为人类第二代主体能源。

19世纪末，内燃机的发明使得石油工业由此发端。随着汽车、轮船、飞机等现代化交通工具的出现，世界进入"石油时代"，**石油**成为人类第三代主体能源。

电——推动人类能源革命的另一重大发明。此前，人们使用的是一次能源，即从大自然直接获取，未经任何人为改变或转变，就地使用的能源；而电能是通过煤炭、石油、天然气等热能，或借助风能、水能、太阳能等自然能转换而来的，因此也叫二次能源。

电能易于生产、输送、使用，还可以转换成其他形式的能源，使得人类在能源的开发和利用上又达到一个新的高度。从此，人类社会进入了**电气化**时代。

比起上述各种类型的能源，20世纪中期才开始利用的**核能**，还只是个刚出生的"小宝宝"呢。

由于核能兼具高效、清洁两大优势，由它转换而来的核电能源如今已成为各类能源中最具前景和不可忽视的新型能源。

核能发展史

1911年，英国科学家卢瑟福发现了原子核，并于1919年首次实现人工核反应，证明了质子的存在。

1932年，英国物理学家查德威克发现了中子。

1934年，法国科学家约里奥－居里夫妇在实验中得到人工放射性核素（同位素）。核燃料氘（dāo）和氚（chuān）便是氢元素的同位素，铀（yóu）－235便是铀元素的同位素。

1938年，德国科学家哈恩等人用中子轰击铀原子核，发现了核裂变现象。

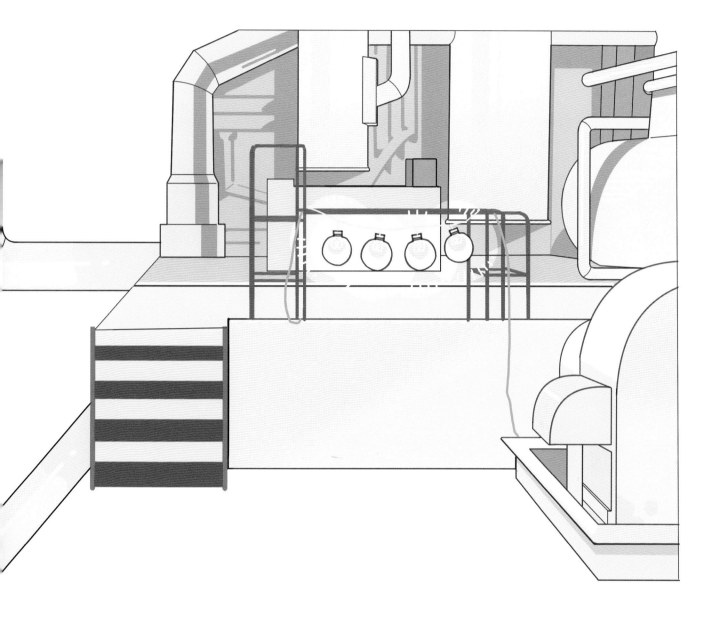

　　1942年，美国芝加哥大学成功启动了世界第一座核反应堆。最终，它点亮了4个灯泡。

　　1954年，苏联建成了世界第一座核电站——奥布宁斯克核电站。

　　别看核电站出现得很晚，发展到今天不过几十年的时间，但现在全世界近十分之一的电能都由它们提供，甚至有的国家接近一半的电能都是由这些核电站提供的。在核电技术领先的法国，其能源消费构成比例中核电更是达到了70%。

原子的世界

了解原子能要先从了解原子的结构开始。宇宙万物千差万别，但如果我们把物质不断放大，就可以看到各种物质的最基本单元其实都是原子。原子非常小，50万个原子排列起来才比得上一根头发的直径。但是原子还不是最小的单位，原子里面有位于中心的**原子核**以及环绕着原子核高速运动的**电子**。原子核的直径不到原子的万分之一，和原子相比，原子核就像是体育场里的一只蚂蚁。但原子核也不是构成物质的最小单位，它还能分成**质子**和**中子**两种微粒呢。

原子结构示意图

核反应原理

不要小看这小小的原子核哟！

原子通过一系列剧烈的核反应，会释放出巨大的能量。主要可分为核裂变和核聚变。利用核裂变或核聚变所获得的核能量，就是原子能，也叫核能。

目前已有的核电站都是利用核裂变的反应进行发电的；为我们带来温暖和生机的太阳，则是靠核聚变来产生热量的。

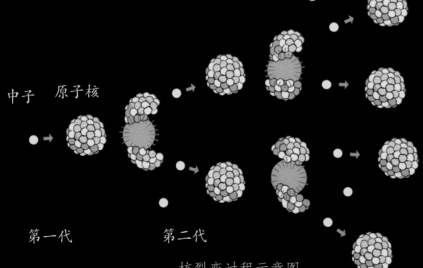

中子　原子核

第一代　　　　第二代

核裂变过程示意图

核裂变的过程，就是用中子轰击原子核，原子核分裂成新的原子核和中子，新的中子再去轰击原子核。在这一系列的反应过程中，原子核会释放出巨大的能量。

核聚变的过程，是采用特殊的技术手段，使两个原子核碰撞到一起，发生原子核互相聚合作用，产生一个新的质量更重的原子核。这个过程中也会释放出巨大的能量。

氘

氚

氦

能量

中子

核聚变过程示意图

核燃料及储量

人类利用核反应获得核能，这一过程需要借助核燃料。并不是所有的原子核都那么容易发生核反应，核裂变与核聚变所使用的核燃料是有所不同的。但总体来说，核能作为新型能源，因其储量丰富、清洁环保等特点而具有更广阔的发展前景。

传统化石燃料属于不可再生能源，按照全世界对化石燃料的消耗速度计算，这些能源可供人类使用的时间十分有限；而核燃料取之不尽、用之不竭，所产生的能量能满足人类上百亿年的能源消耗。

1千克铀-235裂变时释放的热能相当于45节火车货运车厢的煤炭燃烧所产生的热量。

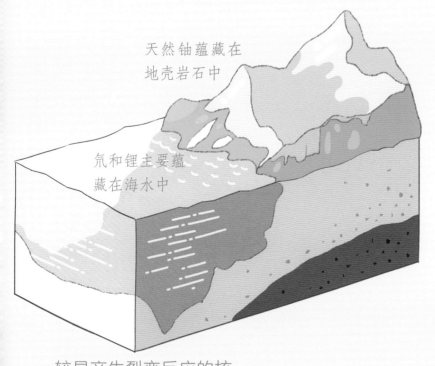

天然铀蕴藏在
地壳岩石中

氘和锂主要蕴
藏在海水中

氘在自然界中储量约为
45万亿吨。

锂在自然界中储量约为
2000亿吨。

地壳中所含的铀总量达
到6800万亿吨，现在世界
探明的可利用的铀储量在
1500万吨以上。

较易产生裂变反应的核
燃料有铀和钚（bù）。核
电站一般由利用原子核裂变
的热量生产蒸汽的核岛和利
用蒸汽发电的常规岛两部分
组成，主要采用的铀燃料是
铀-235。1千克铀-235释放
出的热量相当于2700吨标
准煤燃烧时产生的热量。

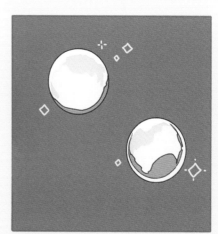

较易发生聚变反应的核
燃料是氘、氚、锂、氦等。
不同于天然铀主要蕴藏于地
壳岩石中，氘和锂等聚变核
燃料主要蕴藏在海水中。若
将来能利用氘、氚的聚变反
应来发电，得到的能量将是
同等质量下铀-235裂变产生
能量的4倍。

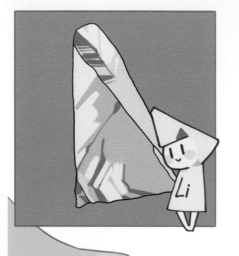

核矿的勘探与开采

1955年，中国组建了铀矿地质勘查专业队伍。

开采天然的铀矿可提取铀元素。目前，人类已经发现200多种铀矿物，它们分布在世界各地。

最初，铀矿开采多用地下开采或者露天开采等方式。近年来，则主要采用更方便、清洁的地浸法开采铀矿：先打采井，灌入化学物质溶解矿层中的铀，然后将含铀矿浆抽出，进行化学处理得到铀。中国是少数掌握这种技术并工业化生产的国家之一，基本实现了开采过程无废水、无废渣、无废气。

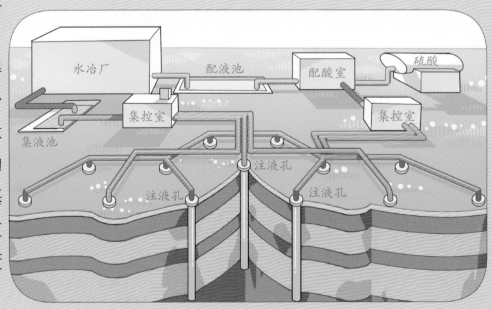

1954年10月，地质工作人员在广西省富钟县花山区（今广西壮族自治区钟山县花山乡）采集到中国第一块铀矿石，它被命名为"开业之石"。

2012年，中国铀矿第一科学深钻于江西相山铀矿田区正式开工，自此我国铀矿地质勘查工作从地表浅部向深部迈出了实质性一步。

上个世纪，原子的发现和核能的开发利用给人类发展带来了新的动力，极大增强了我们认识世界和改造世界的能力。

——习近平

（在荷兰海牙核安全峰会上的讲话）

核电安全吗

毫无疑问，核能是迄今为止人类利用的最有发展潜力的新型能源。目前，人类利用核能的最主要方式是将核能转化为电能，也就是核电。

那么，核电安全吗？核反应过程中会伴随产生核辐射，这些核辐射对人们的生活会产生多大的影响呢？

自然界是一个充满辐射的世界，人们所受的辐射有80%以上来自大自然。

土壤

乘飞机往返北京与欧洲

胸部透视

核电站周围

0.02毫希/次

0.01毫希/年

核辐射，也被称为放射线。
实际上，核辐射存在于所有物质
之中。只不过，这种辐射的剂量
在不同物质中是有差别的。

某些高本底地区

砖房

粮食、蔬菜、
空气

3.7毫希/年

0.75毫希/年

0.25毫希/年

0.15毫希/年

0.04毫希/次

居民在生活中受到的天然辐射剂量

注：本底，在这里是指局部自然环境中的辐射水平。
毫希：物理学单位，是人体组织吸收辐射剂量的计量单位。

核电站发电原理

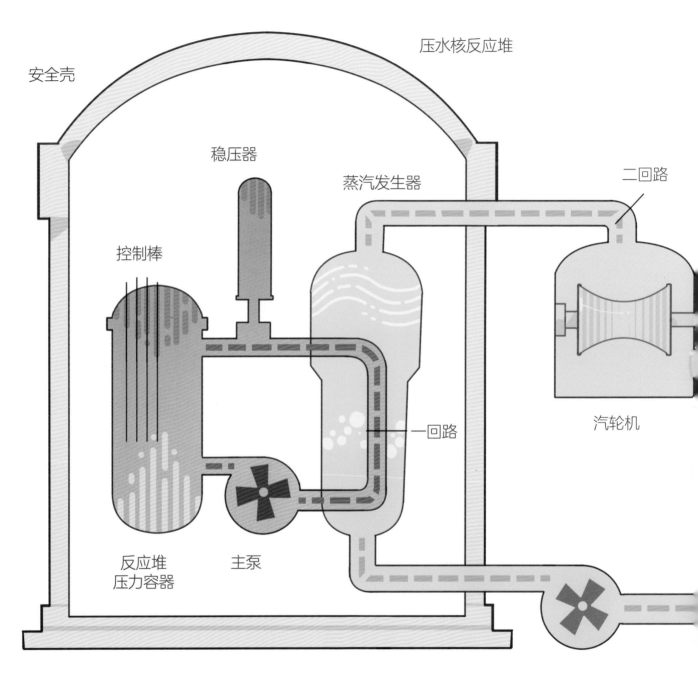

安全壳

压水核反应堆

稳压器

蒸汽发生器

二回路

控制棒

一回路

汽轮机

反应堆
压力容器

主泵

1.核裂变启
动后，控制棒提
起，一回路冷却剂
被加热。

2.主泵带动一回路的
水，通过反应堆压力容器和
蒸汽发生器形成循环。

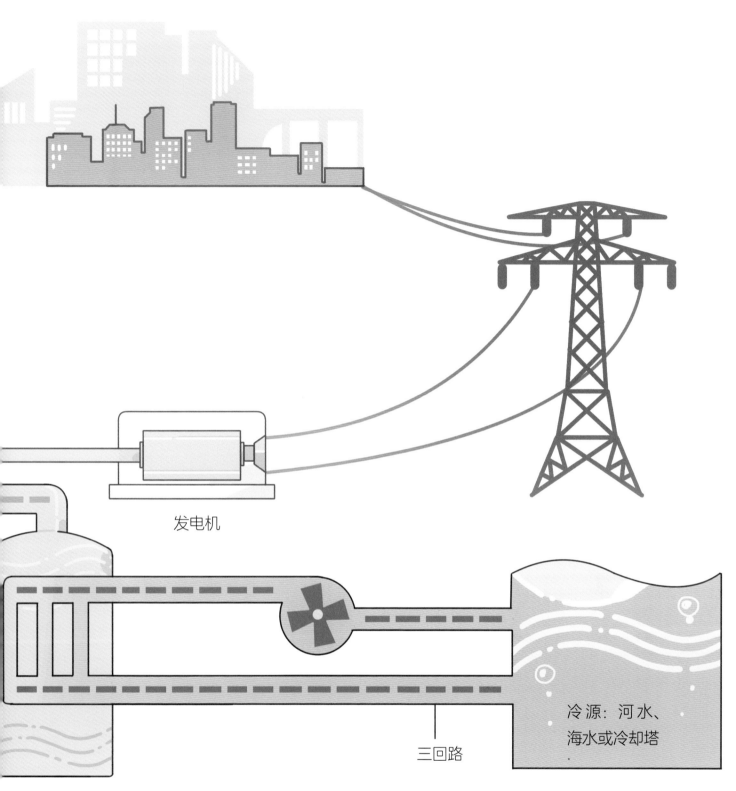

发电机

冷源：河水、海水或冷却塔

三回路

凝汽器

3.在蒸汽发生器里，二回路的给水被一回路的水加热而产生饱和蒸汽。

4.蒸汽推动汽轮机，发电机被带动产生电能并送入电网。

5.在汽轮机内做功完的蒸汽，进入凝汽器后又被冷源冷却，凝结成水，重新进入二回路。

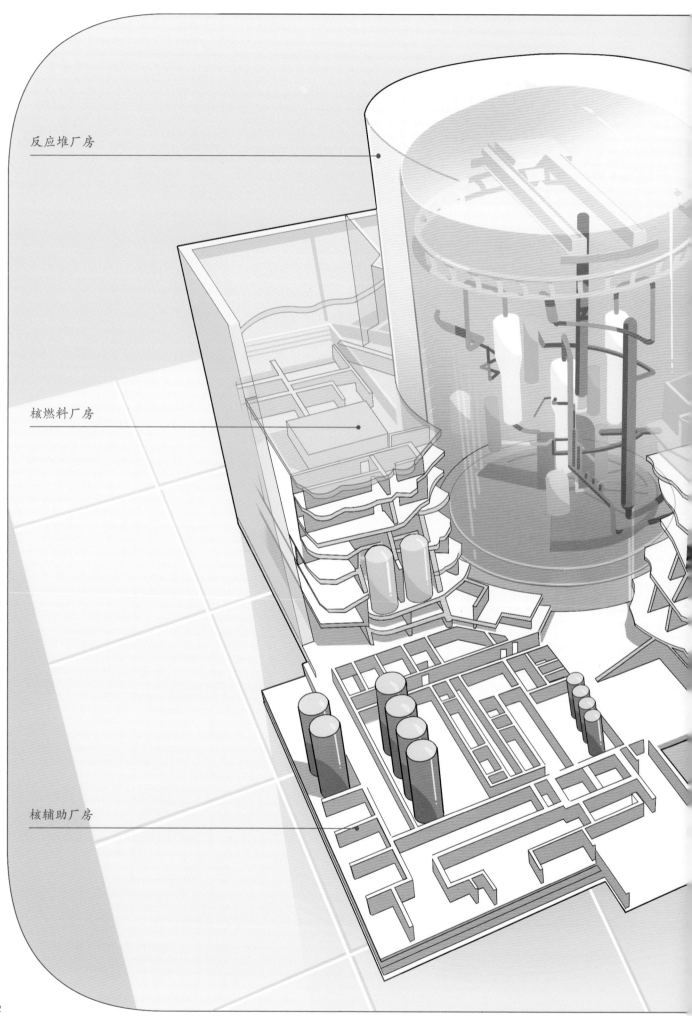

反应堆厂房

核燃料厂房

核辅助厂房

核电站的组成

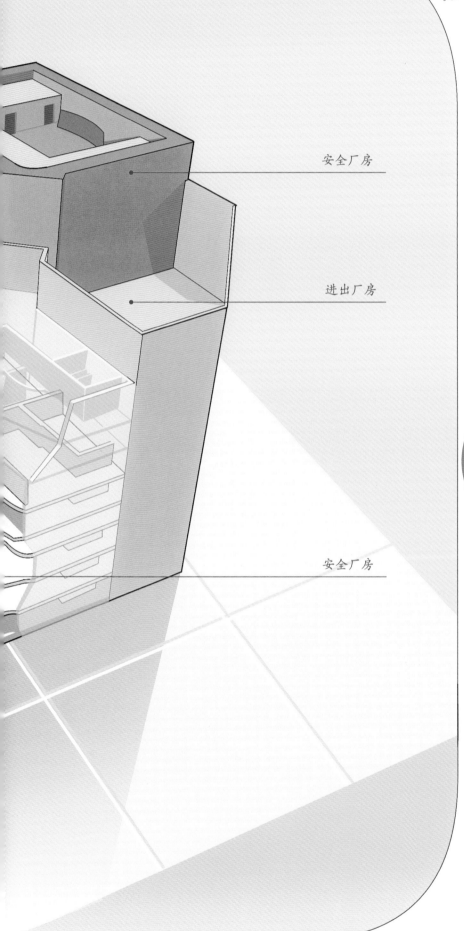

安全厂房

进出厂房

安全厂房

小朋友们，你们想知道核电站的组成部分都有哪些吗？

核燃料的循环过程

中国是世界上少数几个拥有完整核燃料循环产业链的国家之一。

铀矿石开采

乏燃料处理

核燃料裂变反应结束，从反应堆内卸出的乏燃料，经过辐射照射，含有大量放射性元素。但它们可不是污染物废料，一部分乏燃料能循环利用，经过进一步的加工处理后，可用于工业、医疗等；还有一部分不可利用的乏燃料，会进行乏燃料后处理，不会对环境造成危害。

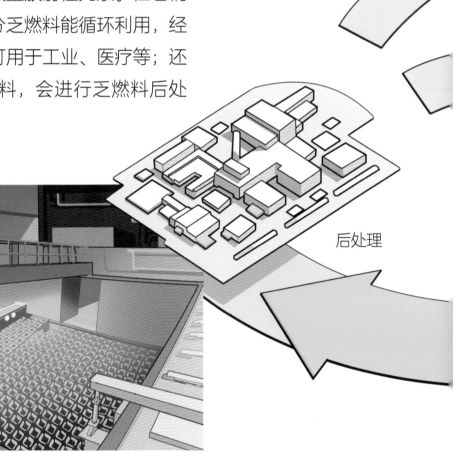

后处理

乏燃料储存水池

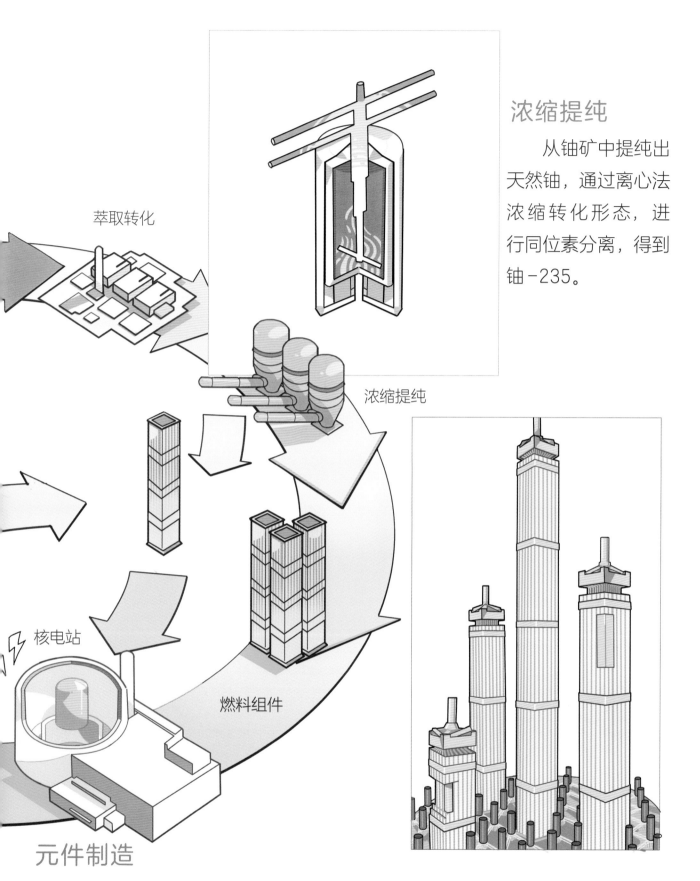

浓缩提纯

　　从铀矿中提纯出天然铀,通过离心法浓缩转化形态,进行同位素分离,得到铀-235。

萃取转化

浓缩提纯

燃料组件

核电站

元件制造

　　核燃料元件最基础的部分是燃料芯块,将许多个燃料芯块封装在锆(gào)合金管中,组成锆合金燃料棒。燃料芯块在铀裂变后产生的物质都存在燃料棒中。数百个燃料棒可组成一个近4米高的长方体燃料组件。一个核反应堆一次性可装入150多个燃料组件,重达几十吨。

核电全产业链大观

核工业是一个沉甸甸的行业，从它诞生之日起，就和国家的命运紧密结合在一起！

核电站建设项目技术要求高，涉及产业多，整个工程项目的产业链在国内要涉及5300余家企业。这一方面很考验国家的综合基础工业水平，另一方面可以有效带动国家高端装备制造业的发展，促进产业集群转型升级，并提升我国核电装备制造能力，进一步确立我国在世界核电产业的先进地位。

国民经济

一个核电项目，从项目启动至项目竣工，需10~17年，寿期60年以上，退役和废物处理阶段10~20年，全周期100年以上，资金流前后几千亿元，可持续拉动地方经济发展。

通常建设一座600万千瓦核电站，投资额为900多亿元，拉动总产出增长2700多亿元，GDP增长900多亿元，可以使经济增速提高约0.3个百分点。

税 收

核电站对税收的乘方效应：500万千瓦核电站总投资约650亿元，建设期的建筑业营业税为5000万元/年左右，建成后发电约390亿千瓦时/年，售电收入近200亿元，纳税30亿元/年左右。

就 业

500万千瓦核电站运行需管理人员约3000人，外围人员（司机、保安、保洁、后勤人员等）约9000人，周边配套从业人员不下10000人，可有效促进就业。

产业升级

核电产业属于现代高科技密集型产业，不仅能够拉动对传统产业的改造升级，而且可有效带动材料、机电、冶金、化工等高技术产业整体发展。

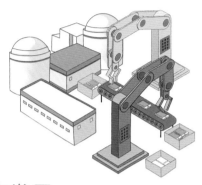

电力发展

开展核电建设，对保障能源供应与安全、实现电力工业结构优化和可持续发展有重要作用。

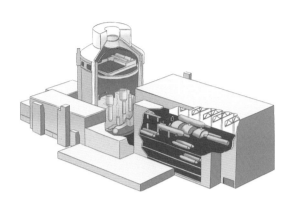

城市发展

核电站通常选址于偏远地区，开工后需开展基础设施建设，包括修桥铺路及安装水、电、通信设施等，从而能够带动城市发展，改善交通环境，提高城市知名度，提升城市消费水平，带动其他行业发展等。

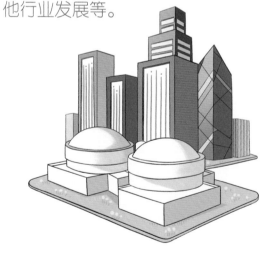

环 保

核电属清洁能源，开发利用核能，不仅可降低能耗，减少人类对不可再生能源的消耗，而且还可以减轻环境污染，缓解温室效应。

目前，福清（国内）和卡拉奇（国外）首堆工程设备国产化率达到了90%以上。中核集团已出口3台"华龙一号"，可以说，每出口1台"华龙一号"核电机组约相当于出口30万辆汽车，预计能够拉动我国装备制造和设计（附加值）超过百亿元。因此，大力发展核电产业，也是实现中华民族伟大复兴的一项伟业！

我国核电的环保效益

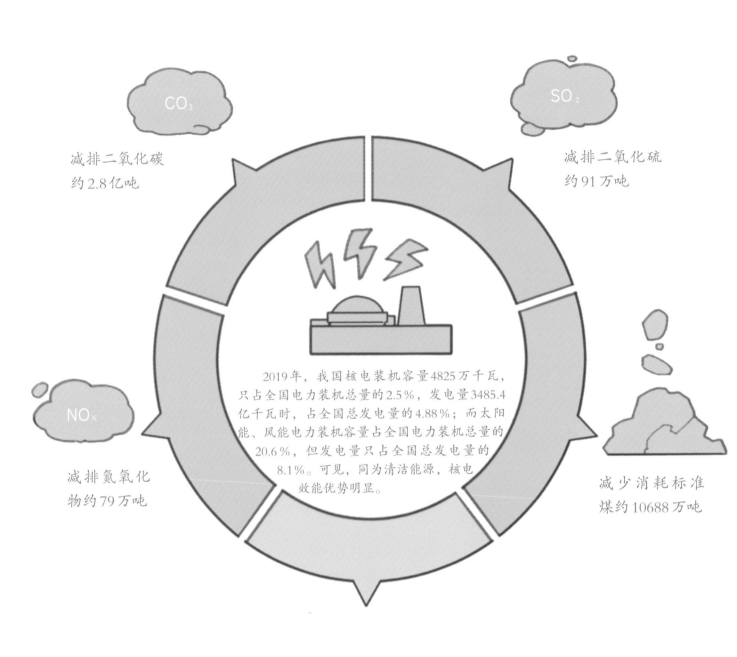

减排二氧化碳
约2.8亿吨

减排二氧化硫
约91万吨

减排氮氧化
物约79万吨

减少消耗标准
煤约10688万吨

2019年，我国核电装机容量4825万千瓦，只占全国电力装机总量的2.5%，发电量3485.4亿千瓦时，占全国总发电量的4.88%；而太阳能、风能电力装机容量占全国电力装机总量的20.6%，但发电量只占全国总发电量的8.1%。可见，同为清洁能源，核电效能优势明显。

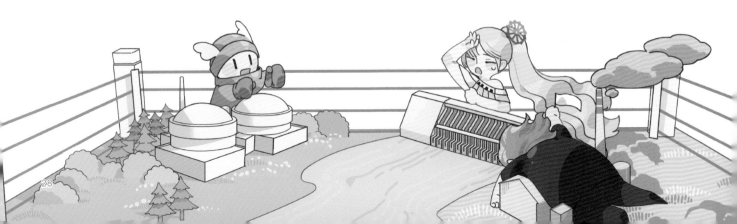

核电站的选址

为保证核电站的安全运行，国内对核电站的选址有着近乎苛刻的要求。其必备条件包括：

与空中、水上航道保持安全距离

水源充足

靠近电力负荷中心

气候环境良好

地质结构稳定

我国有代表性的核电站

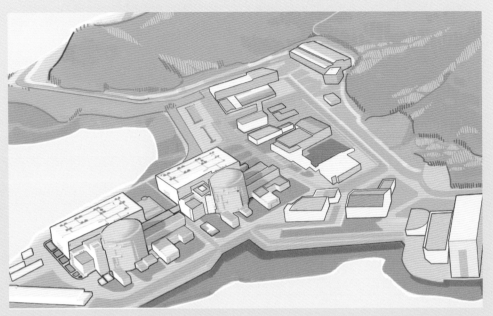

　　秦山核电站——我国自主设计并建造的第一座核电站。位于浙江省嘉兴市海盐县。一期工程从1985年开工，1991年并网发电，年发电量高达17亿千瓦时。秦山核电站掀开了我国和平利用核能新的一页。

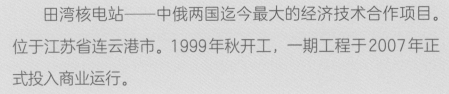

　　田湾核电站——中俄两国迄今最大的经济技术合作项目。位于江苏省连云港市。1999年秋开工，一期工程于2007年正式投入商业运行。

大亚湾核电站——我国大陆第一座百万千瓦级大型商用核电站。位于广东省深圳市大鹏新区。1987年开工，1994年建成并网。它产生的电能有80%输往香港，占据了香港用电总量的四分之一。

岭澳核电站——实现了建筑、安装、施工自主化，是广东省第二座大型商用核电站。毗邻大亚湾核电站。1997年开工，采用的是大亚湾核电站技术翻版和改进方案，获中国建筑工程最高奖——鲁班奖。

福清核电站——率先采用我国唯一拥有完整自主知识产权的"华龙一号"三代百万千瓦级核电技术，压水堆核电机组。位于福建省福州市福清市前薛村。2015年5月"华龙一号"全球首堆福清核电5号机组开工建设，2020年11月首次实现并网发电。它是中国核电迈入发展快车道的一个标志。

华龙一号

是否拥有完整自主知识产权的核电技术是衡量一个国家整体装备制造和工业水平的重要标志之一。

"华龙一号"核电技术是在我国30余年核电科研、设计建造和运行经验的基础上，吸取福岛核事故教训反馈，根据我国和全球最新安全要求研发的先进百万千瓦级水压堆核电技术，是全体中国核电人智慧和心血的结晶，是我国唯一拥有完整自主知识产权的三代百万千瓦级核电品牌。

早在2014年，国际原子能机构就评定：中国的"华龙一号"符合当代世界最先进、最严格的安全技术要求，完全可行。

一代核电技术是最初建造的实验性和原型核电机组，包括美苏早期核电站。

二代核电技术是指能大规模供电的商业核电机组。目前世界上大部分核电站，包括发生严重事故的三哩岛核电站、切尔诺贝利核电站以及福岛核电站都属于二代核电技术。大亚湾、秦山二期、秦山三期（重水堆）等核电站也属于二代核电技术。岭澳二期、阳江、宁德等核电站属于在第二代技术基础上加以改进的"二代加"。中国的二代核电技术已实现技术升级。

三代核电技术基于20世纪90年代后核电事故的经验教训，进一步提升了安全性、设计技术要求和经济性标准，是目前和未来核电站的主力堆型。我国的田湾、三门、台山等核电站都属于三代核电技术。

四代核电技术是解决核能经济性、安全性、废物处理和防止核扩散问题的核能系统。由中国自主研发的世界第一座商用规模、具有第四代核电特征的高温气冷堆核电站——位于山东省荣成市的石岛湾核电站已成功并网发电。

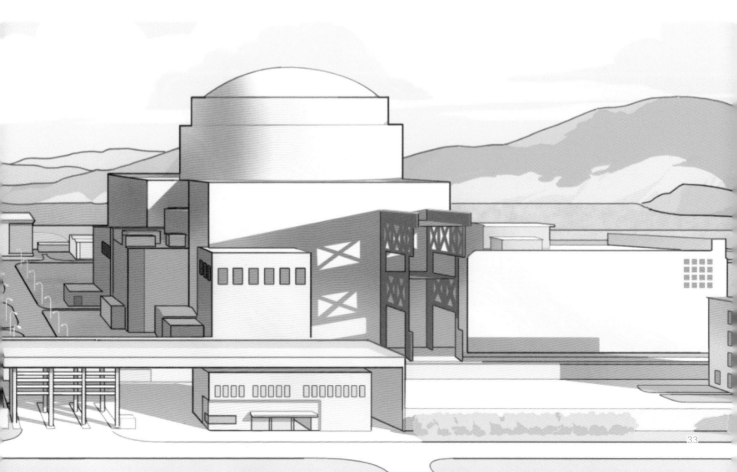

"华龙一号"的安全保障

"华龙一号"的主要技术特征

1. 177组燃料组件堆芯：一般核反应堆能填入150多个燃料组件，"华龙一号"技术下的反应堆堆芯则由177个燃料组件组成。

2. 多重安全系统：空间上相互隔离，保证一个系统受损时其他系统还能正常运行。同时，"华龙一号"采用大容积双层安全壳，内壳可防范高温高压，外壳能承受大型飞机的撞击。双层壳还能更好地屏蔽辐射，从而确保"安全壳内出事，安全壳外没事；安全壳外出事，安全壳内没事"。

3. 能动与非能动相结合的安全措施：能动的部分，需要电力运行；非能动的部分，仅当核电站出现严重事故失去电源后，安全壳内3个冷却水箱能在72小时内自动运转，无须外界援助，避免引起爆炸、火灾等危险。

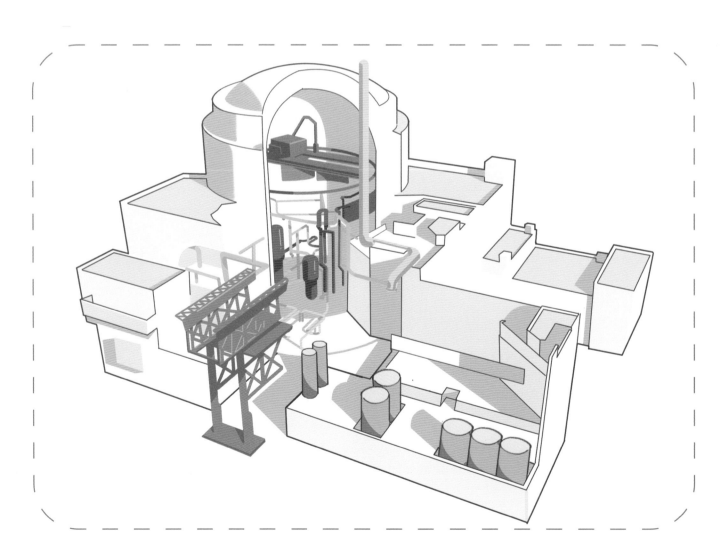

核电站与四道安全屏障

第一道安全屏障——
燃料芯块

　　核电站使用二氧化铀陶瓷芯块作为核燃料，芯块的设计能保证燃料中98%以上的放射性物质不会被释放出来。

第二道安全屏障——
燃料包壳

　　核电站的燃料芯块密封在锆合金做成的包壳中，锆合金包壳能防止放射性物质进入一回路水中。

第三道安全屏障——
压力容器和一回路压力边界

　　由核燃料构成的堆芯封闭在壁厚约20厘米的钢制压力容器内，压力容器和整个一回路都是耐高压的，放射性物质不会泄漏到反应堆厂房中。

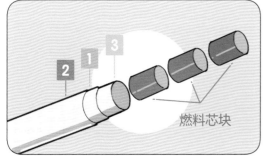

燃料芯块

第四道安全屏障——
安全壳

　　安全壳是由4～5厘米厚的钢板构成的钢制承压容器，每平方米承压能力超过4吨，能够在发生事故时防止放射性物质泄漏。钢制安全壳外还有一层1米多厚的钢筋混凝土结构的屏蔽厂房，能够抵御大型客机的撞击。

核心岗位

　　主控制室被称为核电站的"心脏";主控制室的操作人员,就是负责核电站核反应堆及发电站等系统日常运行的技术人员。他们要随时监控反应堆的运行状况,根据用电需求调节反应堆的输出功率,并在出现故障时迅速准确地做出响应,确保反应堆和发电机组等设备安全、稳定运行。百万千瓦级的核电站一旦停机或者发生故障,带来的损失就是上千万元,所以主控制室至关重要,人才选拔更要慎之又慎。

培训严苛

　　要想成为一名操作人员,需5 ~ 10年相关工作经历,熟练掌握100多门专业知识,经历上千次大大小小淘汰率极高的考试。高级操作人员还需要有3000小时的实践操作经历。即便取得操作人员执照也并非一劳永逸,离岗6个月执照自动失效。即使持续在岗,每年也要有2周的模拟机培训,且每2年要重新进行考核。

黄金打造

由于操作人员培养难度大，培养一名操作人员需要投入的经费早期曾经高达几百万元，比培养飞行员的花费还要高。当时如果兑换成黄金，正好可以铸造一个与人体等重的黄金人。因此，有人把花费重金培养的操作人员形象地称为"黄金人"。

素质过硬

数十年来与"核"打交道，操作人员凭借过硬的专业技能与强大的心理素质，日复一日地保障着核电站的绝对安全！

"华龙一号"福清核电 5、6 号机组重要节点

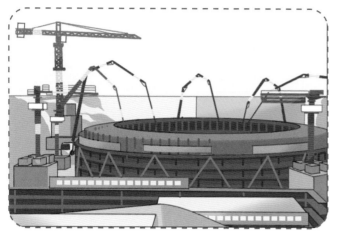

（1）2015年5月7日
"华龙一号" 5号机组核岛浇筑第一罐混凝土

（2）2015年8月16日
"华龙一号" 5号机组核岛钢衬里模块吊装

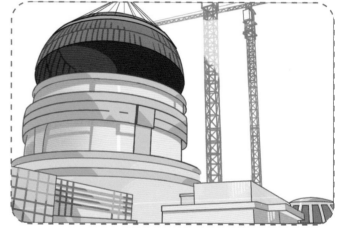

（3）2017年5月25日
"华龙一号" 5号机组穹顶吊装完成

（4）2017年8月20日
"华龙一号" 5号机组反应堆压力容器顺利
完成验收交付

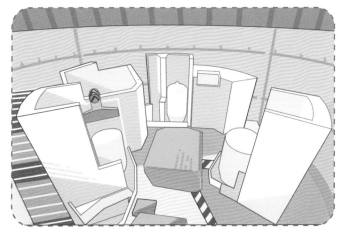

（5）2018年1月7日
　　"华龙一号"5号机组最后一台蒸汽发生器顺利吊装就位

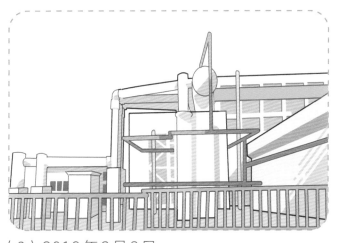

（6）2018年3月2日
　　"华龙一号"5、6号机组220千伏倒送电一次成功

（7）2018年7月14日
　　"华龙一号"5号机组主管道焊接完成

（8）2018年8月4日
　　"华龙一号"5号机组主控制室可用

（9）2019年3月26日
　　"华龙一号"5号机组汽轮机三缸扣缸工作圆满成功

（10）2019年4月28日
　　"华龙一号"5号机组冷态功能试验一次成功

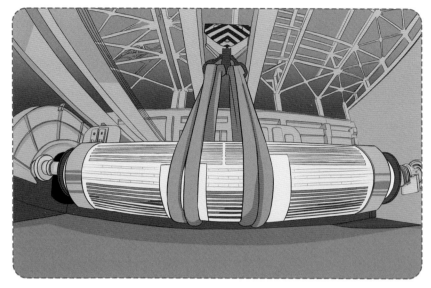

（11）2019年5月28日
"华龙一号"5号机组
发电机穿转子成功

（12）2019年10月12日
"华龙一号"5号机组首
炉燃料进场

（13）2020年3月2日
"华龙一号"5号机组热
态性能试验基本完成

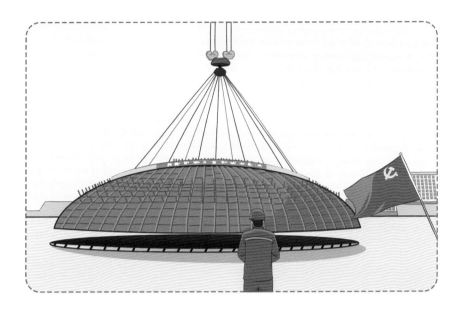

（14）2020年7月25日
"华龙一号"6号机
组顺利实现外层安全壳
穹顶钢模块吊装

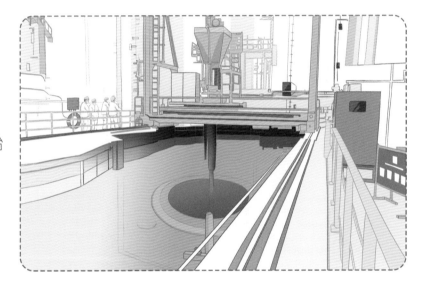

（15）2020年9月4日
"华龙一号"5号机组开始
装料

（16）2020年11月27日
"华龙一号"5号机组
首次并网成功

2021年1月30日，"华龙一号"全球首堆——福清核电5号机组投入商业运行。

"华龙一号"宛如一条巨龙，冲出国门，走向世界，载着我们从"核电大国"向"核电强国"腾飞。

2021年5月20日，"华龙一号"海外首堆工程——巴基斯坦卡拉奇核电2号（K-2）机组，经过长达69个月的建设，建造、安装、调试各项工作圆满完成，正式投入商业运行。

建"华龙一号"，铸国之重器

　　"华龙一号"是我国新一代国之重器。它拥有700多项专利、30余项专利合作条约（PCT）国际专利申请、100余项软件著作权。从跟跑到领跑，从无到有再到强，我国核电的蜕变是新中国成立以来，特别是改革开放以来的辉煌成果。

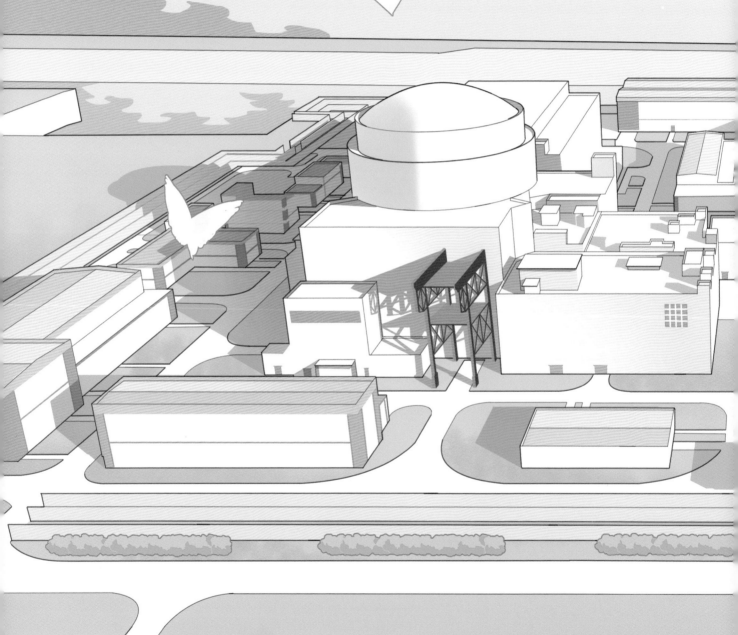

"华龙一号"的自主设计、建设和运营，成为与中国高铁齐名的又一张"国家名片"，依托以"华龙一号"为代表的先进核电核心技术，配合我国核电"走出去"的战略，为世界核电注入了一针中国强"芯"剂。

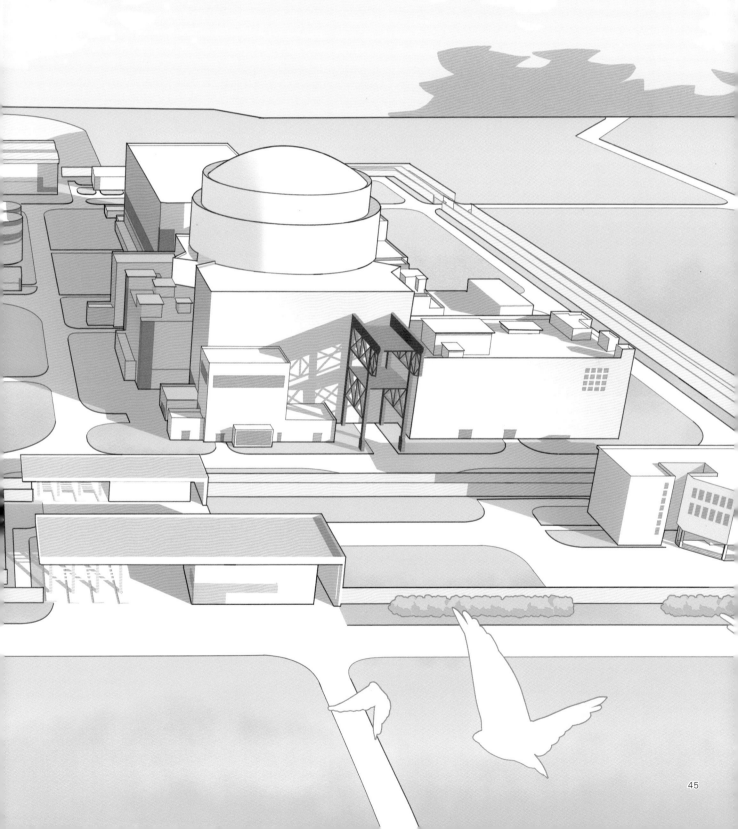

如果说"华龙一号"是威武雄壮的大汉，那么"玲龙一号"就是娇小可爱的小姑娘。它由我国自主研发并拥有自主知识产权，也是全球首个陆上商用模块化小型反应堆。

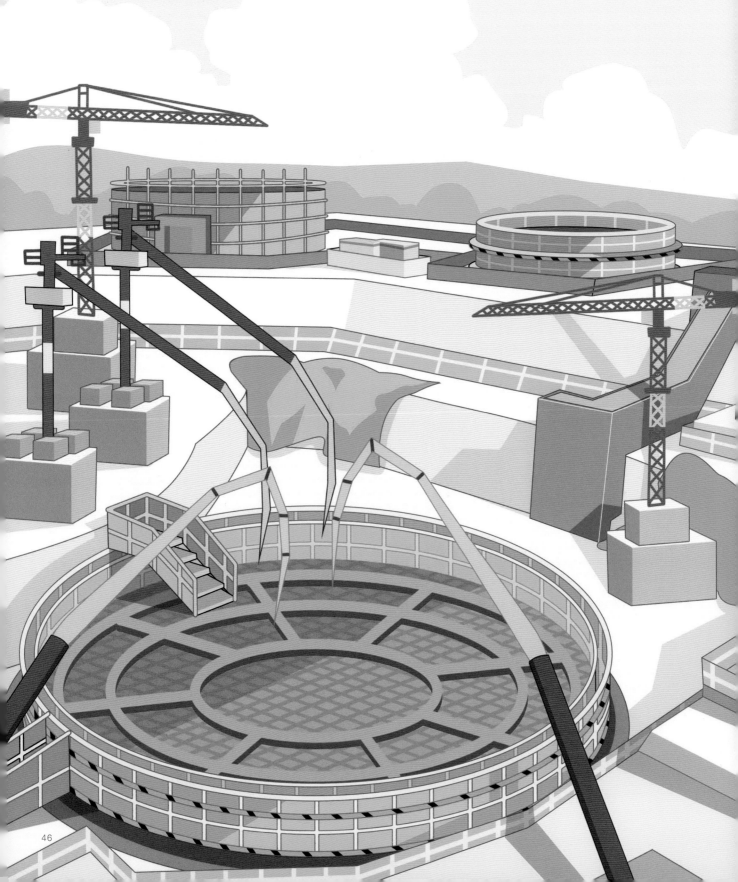

2021年7月31日，"玲龙一号"在海南昌江核电基地正式开工。2022年2月26日，"玲龙一号"全球首堆钢制安全壳下部筒体吊装就位，工期整整提前了46天，再一次向世界彰显了"中国速度"。

太阳这么厉害，我们能不能造一个太阳呢

小朋友们，前面我们讲过太阳的能量来源于核聚变，你们还记得吗？

太阳自身蕴藏着巨大的能量。太阳的核聚变是在引力约束下进行的，正是这个核聚变过程释放的巨大能量，才使太阳不断散发出强烈的光和热，洒向太阳系的广袤太空。我们的地球也得到这些光和热，它们是孕育地球生命的重要因素之一。

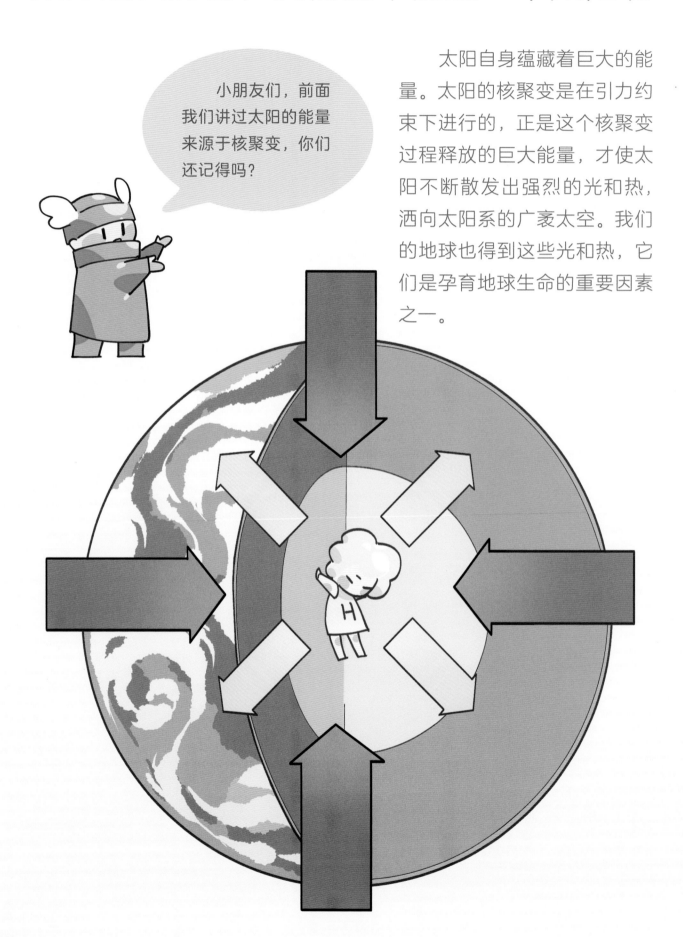

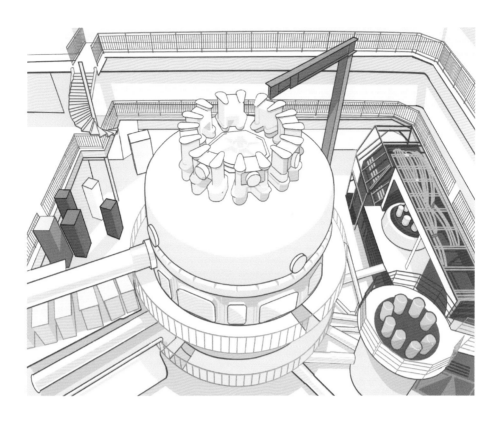

人类能否也造一个太阳呢？其实，"人造太阳"计划正在进行呢！东方超环（EAST）是中国第四代核聚变实验装置，它的科学目标是让海水中大量存在的氘和氚在高温条件下像太阳一样发生核聚变，为人类提供源源不断的清洁能源，所以也被称为"人造太阳"。

热核聚变实验堆装置由一个"甜甜圈"形的真空管道构成，通过一系列缠绕在管道上的通电线圈来施加磁场。

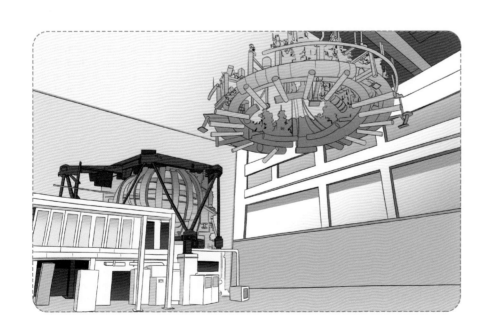

2020年12月4日，新一代"人造太阳"装置——中国环流器二号M装置在成都建成并实现首次放电，标志着中国核聚变研究取得重大突破。

由于实现可控核聚变的道路困难重重，当前的研究是世界多个国家共同协作的。"国际热核聚变实验反应堆（ITER）计划"是目前全球规模最大、影响最深远的国际科研合作项目之一。目前，我国已加入ITER计划，研究终极能源——核聚变。

科学家们正在努力研究可控核聚变，争取早日将它应用到生产生活中，使其成为未来的能量来源。

核能的未来

闭上眼睛，试着幻想未来的世界，那将会是一个无比神奇的核能世界，核聚变能源也将应用在生活的方方面面。

身体不舒服的人，可以去核能医学治疗中心进行检查治疗；农业科学家们可以在核能育种研究中心研究出更高产的粮食和瓜果蔬菜；早上起床后，我们可以乘坐核动力汽车出门，也可以驾驶核动力飞船在空中穿梭，还能看到驾驶核动力机甲的军人在保护大家的安全……

傍晚，我们路过核聚变路灯的时候，
抬起头，看见星星和路灯交相辉映……